无人机

自主巡检拍摄指导书 （快速版）

国网山东省电力公司　编

中国电力出版社

CHINA ELECTRIC POWER PRESS

图书在版编目（CIP）数据

无人机自主巡检拍摄指导书 . 2：快速版 / 国网山
东省电力公司编 . -- 北京：中国电力出版社，2025. 3.
ISBN 978-7-5198-9533-4

Ⅰ . TM726；TB869

中国国家版本馆 CIP 数据核字第 20242LJ925 号

出版发行：中国电力出版社
地　　址：北京市东城区北京站西街 19 号（邮政编码 100005）
网　　址：http://www.cepp.sgcc.com.cn
责任编辑：石　雪　曲　艺
责任校对：黄　蓓　李　楠
装帧设计：北京宝蕾元科技发展有限责任公司
责任印制：钱兴根

印　　刷：北京九天鸿程印刷有限责任公司
版　　次：2025 年 3 月第一版
印　　次：2025 年 3 月北京第一次印刷
开　　本：787 毫米 ×1092 毫米　横 32 开本
印　　张：5.75
字　　数：99 千字
定　　价：35.00 元（全 2 册）

随着无人机技术的飞速发展，无人机应用在我国呈现出爆发式增长的态势。因其便捷、高效、灵活等特点，无人机已被广泛应用于电力巡检、农业植保、国土测绘、科研探索、国防建设等众多领域，为经济社会的发展注入了强大动力。在电力行业，特别是在无人机自主巡检方面，无人机具有高效、安全、精准等优点，能够大幅提高电力巡检的效率和安全性。国家电网有限公司下发《国家电网有限公司关于加快推进设备管理专业无人机规模化应用的通知》（国家电网设备〔2022〕494号），组织编制《架空配电线路无人机巡检作业规程》，采取了一系列措施，推进无人机规模化应用和成果共享，提升作业水平。

国网山东省电力公司积极响应国家电网有限公司推广无人机自主巡检的要求，2022年开始在济南、菏泽等地积极开展无人机机场试点建设，开展无人机自主巡检应用，极大地提高了无人机巡检效率。但是，目前无人机拍摄的照片尚缺乏统一的标准和规范，为使无人机自主巡检拍摄的照片标准化、规范化，确保照片能够满足《配电网运行规程》对设备巡视的要求和拍摄现场的实际需求，国网山东电力设备部组织编写了《无人机自主巡检拍摄指导书（精细版、快速版）》。

本书主要针对直线杆、耐张杆、支线杆、转角杆、电缆下户杆、分界开关电缆下户杆、分界开关分支杆、分段联络开关杆、柱上变压器杆、地上配电室下户杆十类拍摄场景，分别从线路通道、杆塔整体，以及杆塔接线和设备特写三个方面，对照片的拍摄数量、拍摄角度和拍摄效果提出了明确要求。根据运维巡视精度要求不同，本书分为"精细版"和"快速版"两册。其中，"精细版"要求通过无人机拍摄照片即可了解现场情况，发现线路设备全量缺陷，无须人工再次巡视；"快速版"主要考虑了线路通道快速巡视和无人机飞行续航等因素，在"精细版"的基础上，对无人机拍摄的不同角度和方向的照片数量进行了精简。

本书源于基层实践，是国网山东电力广大员工智慧的结晶，既可以作为电力企业各级设备管理者的指导用书，也可以作为各级设备运维管理人员的工具用书，同时也可供其他企业借鉴参考。希望本书能让广大读者进一步了解无人机自主巡检工作，从中汲取对设备运维管理工作有启发、有帮助的理念、思路、技巧、方法。本书的编制和出版，得到了国网山东电力各级领导和各单位的大力支持。在此，向所有参与本书编制、编辑、审核的单位和人员致以诚挚的谢意。

由于时间仓促，如有不足或疏漏之处，敬请指正。

编　者

2025 年 2 月

目　录　Contents

前言

精细版

快速版

直线杆

　　要求至少拍摄线路通道、杆塔整体、杆塔特写3类4组照片（每组指1张可见光、1张红外照片），注意合理规划航线，用最短的航线完成拍摄任务，避免无人机来回折返浪费电量。

一、线路通道

◆ 拍摄数量

至少拍摄1组照片。

◆◆ 拍摄角度

向无人机前进方向拍摄，一般从线路小号侧向大号侧。拍摄时无人机与杆塔顶部高度一致，能看清本基杆塔至下基杆塔的线路通道情况。当遇到树障、建筑物等障碍物，无法保持正常安全拍摄距离时，适当调整拍摄距离及角度。

◆◆ 拍摄效果

能看清本基杆塔至下基杆塔线路通道范围内整体情况（见图1），包括：

★是否存在树障，以及树障距导线或超过导线的距离；

★是否存在危及线路安全稳定运行的异物，如金属薄膜、广告牌、钓鱼池塘等；

★是否存在危及线路安全稳定运行的施工现场；

★线路是否距离周边构筑物、路灯杆等过近，存在安全隐患；

★导线弧垂是否过低；

★线路通道内是否存在"三线搭挂"现象（搭挂通信线等弱电线路）等。

图1　线路通道照片示例

二、杆塔整体

◆ 拍摄数量

至少拍摄1组照片。

◆◆ 拍摄角度

从杆塔一侧，与横担呈45度角拍摄。

❖ 拍摄效果

能完全看清杆塔整体情况（见图2），包括：

★是否倾斜、移位；

★是否存在裂纹；

★是否存在基础破损、下沉；

★是否存在被车撞的可能；

★是否存在防汛隐患；

★是否存在藤蔓等异物搭挂；

★是否存在鸟巢；

★标识牌、警示牌是否齐全、清晰；

★避雷器接地引线是否完好；

★拉线是否完好。

图2　杆塔整体照片示例

三、杆塔接线、设备特写

◆ **拍摄数量**

至少拍摄2组照片。

◆◆ **拍摄角度**

分别从杆塔两侧，呈斜对角，与横担呈45度角拍摄。

❖ **拍摄效果**

能看清杆上接线、设备细节情况（见图3），包括：

★瓷瓶是否倾斜、破损；

★导线是否破损、脱离瓷瓶、绑扎不牢固；

★避雷器是否完好；

★横担、金具是否锈蚀、变形、磨损，螺栓是否松动；

★驱鸟器、防鸟罩是否正常工作；

★红外测温、局部放电检测是否正常。

图3 杆塔整体照片示例

注意：为提高快速巡检效率，节省无人机电量，3张照片可在线路同一侧拍摄。

耐张杆

　　要求至少拍摄线路通道、杆塔整体、杆塔接线和设备特写3类3组照片（每组指1张可见光、1张红外照片）。注意合理规划航线，用最短的航线完成拍摄任务，避免无人机来回折返浪费电量。

一、线路通道

◆ 拍摄数量

至少拍摄1组照片。

◆◆ 拍摄角度

向无人机前进方向拍摄，一般为从线路小号侧向大号侧，拍摄时无人机与杆塔顶部高度一致，能看清本基杆塔至下基杆塔线路通道情况。当遇到树障、建筑物等障碍物，无法保持正常安全拍摄距离时，适当调整拍摄距离及角度。

❖ 拍摄效果

能看清本基杆塔至下基杆塔线路通道范围内整体情况（见图1），包括：

★是否存在树障，以及树障距导线或超过导线的距离；

★是否存在危及线路安全稳定运行的异物，如金属薄膜、广告牌、钓鱼池塘等；

★是否存在危及线路安全稳定运行的施工现场；

★线路是否距离周边构筑物、路灯杆等过近，存在安全隐患；

★导线弧垂是否过低；

★线路通道内是否存在"三线搭挂"现象（搭挂通信线等弱电线路），有无未经批准擅自搭挂的弱电线路等。

图1　线路通道照片示例

二、杆塔整体

◆ 拍摄数量

至少拍摄1组照片。

◆◆ 拍摄角度

从杆塔一侧，与横担呈45度角拍摄。当遇到树障、建筑物等障碍物，无法保持正常安全拍摄距离时，适当调整拍摄距离及角度。

❖ 拍摄效果

能完全看清杆塔整体情况（见图2），包括：

★是否倾斜、移位；

★是否存在裂纹；

★是否存在基础破损、下沉；

★是否存在外破的风险；

★是否存在防汛隐患；

★是否存在藤蔓等异物搭挂；

★是否存在鸟巢；

★标识牌、警示牌是否齐全、清晰；

★拉线是否完好。

图2　杆塔整体照片示例

三、杆塔接线和设备特写

◆ 拍摄数量

至少拍摄1组照片。

◆◆ 拍摄角度

分别从杆塔两侧，呈斜对角，与横担呈45度角拍摄。当遇到树障、建筑物等障碍物，无法保持正常安全拍摄距离时，适当调整拍摄距离及角度。

❖ 拍摄效果

能看清杆上接线、设备细节情况（见图3），包括：

★瓷瓶是否倾斜、破损；

★导线是否破损、脱离瓷瓶、绑扎不牢固；

★避雷器是否完好；

★横担、金具是否锈蚀、变形、磨损，螺栓是否松动；

★驱鸟器、防鸟罩是否正常工作；

★红外测温、局部放电检测是否正常；

★绝缘护套（并沟线夹、避雷器等）是否齐全；

★故障指示器是否正常；

★引线压接点是否松动、存在异物搭挂等。

图3　杆塔整体照片示例

支线杆

　　要求至少拍摄线路通道、杆塔整体、杆塔接线和设备特写3类4组照片（每组指1张可见光、1张红外照片），注意合理规划航线，用最短的航线完成拍摄任务，避免无人机来回折返浪费电量。

一、线路通道

◆ 拍摄数量

至少拍摄2组照片。

◆◆ 拍摄角度

主线通道：1组照片，向无人机前进方向拍摄，一般为从线路小号侧向大号侧。

支线通道：1组照片，从线路主干线侧向分支线侧拍摄。

拍摄时无人机与杆塔顶部高度一致，能看清本基杆塔至下基杆塔的通道情况。当遇到树障、建筑物等障碍物，无法保持正常安全拍摄距离时，适当调整拍摄距离及角度。

❖ 拍摄效果

能看清本基杆塔至下基杆塔的通道范围内整体情况（见图1），包括：

★是否存在树障，以及树障距导线或超过导线的距离；

★是否存在危及线路安全稳定运行的异物，如金属薄膜、广告牌、钓鱼池塘等；

★是否存在危及线路安全稳定运行的施工现场；

★线路是否距离周边构筑物、路灯杆等过近，存在安全隐患；

★导线弧垂是否过低；

★线路通道内是否存在"三线搭挂"现象（搭挂通信线等弱电线路）等。

图1　线路通道照片示例

二、杆塔整体

◆ 拍摄数量

至少拍摄1组照片。

◆◆ 拍摄角度

从杆塔一侧，与分支线横担呈45度角拍摄。当遇到树障、建筑物等障碍物，无法保持正常安全拍摄距离时，适当调整拍摄距离及角度。

❖ 拍摄效果

能完全看清杆塔整体情况（见图2），包括：

★是否倾斜、移位；

★是否存在裂纹；

★是否存在基础破损、下沉；

★是否存在外破的风险；

★是否存在防汛隐患；

★是否存在藤蔓等异物搭挂；

★是否存在鸟巢；

★标识牌、警示牌是否齐全、清晰；

★拉线是否完好等。

图2　杆塔整体照片示例

三、杆塔接线和设备特写

◆ 拍摄数量

至少拍摄1组照片。

◆◆ 拍摄角度

分别从杆塔两侧，呈斜对角，与分支线横担呈45度角拍摄（与杆塔整体拍摄角度基本相同，但拍摄重点是接线和设备的细节特写）。当遇到树障、建筑物等障碍物，无法保持正常安全拍摄距离时，适当调整拍摄距离及角度。

❖ 拍摄效果

能看清杆上接线、设备细节情况（见图3），包括：

★瓷瓶是否倾斜、破损；

★导线是否破损、脱离瓷瓶、绑扎不牢固；

★避雷器是否完好；

★绝缘子是否完好，绑扎、连接是否正常；

★横担、金具是否锈蚀、变形、磨损，螺栓是否松动；

★驱鸟器、防鸟罩是否正常工作；

★红外测温、局部放电检测是否正常；

★绝缘护套（T接线夹、并沟线夹等）是否齐全；

★引线压接点是否松动、存在异物搭挂。

图3　杆塔特写照片示例

转角杆

　　要求至少拍摄线路通道、杆塔整体、杆塔接线和设备特写3类3组照片（每组指1张可见光、1张红外照片），注意合理规划航线，用最短的航线完成拍摄任务，避免无人机来回折返浪费电量。

一、线路通道

◆ 拍摄数量

至少拍摄1组照片。

◆◆ 拍摄角度

从线路转角杆本身向转角后的杆塔大号侧拍摄，能看清本基杆塔至转角后下基杆塔的线路通道情况。当遇到树障、建筑物等障碍物，无法保持正常安全拍摄距离时，适当调整拍摄距离及角度。

❖ 拍摄效果

能看清本基杆塔至下基杆塔的线路通道范围内整体情况（见图1），包括：

★是否存在树障，以及树障距离导线或超过导线的距离；

★是否存在危及线路安全稳定运行的异物，如金属薄膜、广告牌、钓鱼池塘等；

★是否存在危及线路安全稳定运行的施工现场；

★线路是否距离周边构筑物、路灯杆等过近，存在安全隐患；

★导线弧垂是否过低；

★线路通道内是否存在"三线搭挂"现象（搭挂通信线等弱电线路）等。

图1　线路通道照片示例

二、杆塔整体

◆ 拍摄数量

至少拍摄1组照片。

◆◆ 拍摄角度

从原线路侧与转角侧夹角呈45度角拍摄。当遇到树障、建筑物等障碍物，无法保持正常安全拍摄距离时，适当调整拍摄距离及角度。

❖ 拍摄效果

能看清杆塔整体情况（见图2），包括：

★ 是否倾斜、移位；

★ 是否存在纵、横向裂纹；

★ 是否存在基础破损、下沉；

★ 是否存在外破的风险；

★ 是否存在防汛隐患；

★是否存在藤蔓等异物搭挂；

★是否存在鸟巢；

★标识牌、警示牌是否齐全、清晰；

★拉线是否完好。

图2　杆塔整体照片示例

三、杆塔接线和设备特写

◆ **拍摄数量**

至少拍摄1组照片。

◆◆ **拍摄角度**

从原线路通道与转角后线路通道呈45度角拍摄。当遇到树障、建筑物等障碍物，无法保持正常安全拍摄距离时，适当调整拍摄距离及角度。

❖ **拍摄效果**

能看清杆上接线、设备细节情况（见图3），包括：

★瓷瓶是否倾斜、破损；

★导线是否破损、脱离瓷瓶、绑扎不牢固；

★避雷器是否完好；

★横担、金具是否锈蚀、变形、磨损，螺栓是否松动；

★驱鸟器、防鸟罩是否正常工作；

★红外测温、局部放电检测是否正常；

★绝缘护套（耐张线夹、设备线夹、并沟线夹、避雷器等）是否齐全；

★引线等压接点是否松动，引线是否存在异物搭挂。

图3　杆塔接线及设备特写照片示例

电缆下户杆

　　要求至少拍摄线路通道、杆塔整体、杆塔接线和设备特写3类3组照片（每组指1张可见光、1张红外照片），注意合理规划航线，用最短的航线完成拍摄任务，避免无人机来回折返浪费电量。

一、线路通道

◆ 拍摄数量

至少拍摄1组照片。

◆◆ 拍摄角度

向无人机前进方向拍摄，一般从线路的小号侧向大号侧。若为终端杆，则从本基杆塔向上基杆塔拍摄。当遇到树障、建筑物等障碍物，无法保持正常安全拍摄距离时，适当调整拍摄距离及角度。

❖ 拍摄效果

能看清本基杆塔至下基杆塔的线路通道范围内整体情况（见图1），包括：

★是否存在树障，以及树障距导线或超过导线的距离；

★是否存在危及线路安全稳定运行的异物，如金属薄膜、广告牌、钓鱼池塘等；

★是否存在危及线路安全稳定运行的施工现场；

★线路是否距离周边构筑物、路灯杆等过近，存在安全隐患；

★导线弧垂是否过低；

★线路通道内是否存在"三线搭挂"现象（搭挂通信线等弱电线路）等。

图1　线路通道照片示例

二、杆塔整体

◆ **拍摄数量**

至少拍摄1组照片。

◆◆ **拍摄角度**

从下户电缆一侧拍摄。

❖ **拍摄效果**

能看清杆塔整体情况（见图2），包括：

★是否倾斜、移位；

★是否存在裂纹；

★是否存在基础破损、下沉；

★是否存在外破的风险；

★是否存在防汛隐患；

★是否存在藤蔓等异物搭挂；

★是否存在鸟巢；

★标识牌、警示牌是否齐全、清晰；

★拉线是否完好；

★电缆护墩是否缺失、破损，周边是否存在易燃杂物；

★电缆路径情况是否存在开挖施工、水土流失等。

图2　杆塔整体照片示例

三、杆塔接线和设备特写

◆ 拍摄数量

至少拍摄 1 组照片。

◆◆ 拍摄角度

从下户电缆一侧拍摄。

❖ 拍摄效果

能看清杆上接线、设备细节情况（见图3），包括：

★瓷瓶是否倾斜、破损；

★导线及电缆是否破损；

★避雷器、跌落式熔断器是否完好；

★横担、金具是否锈蚀、变形、磨损，螺栓是否松动；

★驱鸟器、防鸟罩是否正常工作；

★红外测温、局部放电检测是否正常；

★绝缘护套（耐张线夹、设备线夹、并沟线夹、跌落式熔断器、避雷器、电缆头等）是否齐全；

★引线压接点是否松动，引线是否存在异物搭挂；

★电缆头三相色标是否清晰。

图3　杆塔接线和设备特写示例

分界开关电缆下户杆

　　要求至少拍摄线路通道、杆塔整体、杆塔接线和设备特写3类4组照片（每组指1张可见光、1张红外照片），注意合理规划航线，用最短的航线完成拍摄任务，避免无人机来回折返浪费电量。

一、线路通道

◆ 拍摄数量

至少拍摄1组照片。

◆◆ 拍摄角度

向无人机前进方向拍摄，一般从线路的小号侧向大号侧。若为终端杆，则从本基杆塔向上基杆塔拍摄。拍摄时无人机与杆塔顶部高度一致。当遇到树障、建筑物等障碍物，无法保持正常安全拍摄距离时，适当调整拍摄距离及角度。

❖ 拍摄效果

能看清本基杆塔至下基杆塔线路通道范围内整体情况（见图1），包括：

★是否存在树障，以及树障距导线或超过导线的距离；

★是否存在危及线路安全稳定运行的异物，如金属薄膜、广告牌、钓鱼池塘等；

★线路是否距离周边构筑物、路灯杆等过近，存在安全隐患；

★是否存在危及线路安全稳定运行的施工现场；

★导线弧垂是否过低；

★线路通道内是否存在"三线搭挂"现象（搭挂通信线等弱电线路）等。

图1　线路通道照片示例

二、杆塔整体

◆ 拍摄数量

至少拍摄1组照片。

◆◆ 拍摄角度

从杆塔电缆侧，与横担呈45度角拍摄。

❖ 拍摄效果

能看清杆塔整体情况（见图2），包括：

★ 是否倾斜、移位；

★ 是否存在裂纹；

★ 是否存在基础破损、下沉；

★ 是否存在外破的风险；

★ 是否存在防汛隐患；

★ 是否存在藤蔓等异物搭挂；

★是否存在鸟巢；

★标识牌、警示牌是否齐全、清晰；

★拉线是否完好；

★基础电缆护墩是否缺失、破损，周边是否存在易燃杂物。

图2　杆塔整体照片示例

三、杆塔接线和设备特写

◆ 拍摄数量

至少拍摄2组照片。

◆◆ 拍摄角度

开关正面与背面呈45度角、3米左右距离拍摄（包含杆塔开关及各引线情况）。当遇到树障、建筑物等障碍物，无法保持正常安全拍摄距离时，适当调整拍摄距离及角度。

❖ 拍摄效果

能看清杆上接线、设备细节情况（见图3），包括：

★瓷瓶是否倾斜、破损；

★导线是否破损、脱离瓷瓶、绑扎不牢固；

★避雷器、隔离刀闸、跌落式熔断器、开关本体、PT本体是否完好；

★横担、金具是否锈蚀、变形、磨损，螺栓是否松动；

★驱鸟器、防鸟罩是否正常工作；

★红外测温、局部放电检测是否正常；

★绝缘护套（耐张线夹、设备线夹、并沟线夹、隔离开关、跌落式熔断器、PT、避雷器等）是否齐全；

★开关位置指示、故障位置指示、开关储能情况是否正常；

★开关本体有无锈蚀、顶部密封情况（有无鼓包）是否正常；

★引线、航插线等压接点是否松动，引线是否存在异物搭挂。

图3　杆塔接线和设备特写示例

分界开关分支杆

　　要求至少拍摄线路通道、杆塔整体、杆塔接线和设备特写3类5组照片（每组指1张可见光、1张红外照片），注意合理规划航线，用最短的航线完成拍摄任务，避免无人机来回折返浪费电量。

一、线路通道

◆ 拍摄数量

至少拍摄2组照片。

◆◆ 拍摄角度

主线通道：1组照片，向无人机前进方向，一般从线路的小号侧向大号侧拍摄。

支线通道：1组照片，从线路主干线侧向分支线侧拍摄。

拍摄时无人机与杆塔顶部高度一致，能看清本基杆塔至下基杆塔的线路通道情况。当遇到树障、建筑物等障碍物，无法保持正常安全拍摄距离时，适当调整拍摄距离及角度。

❖ 拍摄效果

能看清本基杆塔至下基杆塔线路通道范围内整体情况（见图1），包括：

★是否存在树障，以及树障距导线或超过导线的距离；

★是否存在危及线路安全稳定运行的异物，如金属薄膜、广告牌、钓鱼池塘等；

★线路是否距离周边构筑物、路灯杆等过近，存在安全隐患；

★是否存在危及线路安全稳定运行的施工现场；

★导线弧垂是否过低；

★线路通道内是否存在"三线搭挂"现象（搭挂通信线等弱电线路）等。

图1　线路通道照片示例

二、杆塔整体

◆ 拍摄数量

至少拍摄1组照片。

◆◆ 拍摄角度

沿支线侧拍摄，与支线横担呈45度角拍摄。

❖ 拍摄效果

能看清杆塔整体情况（见图2），包括：

★是否倾斜、移位；

★是否存在裂纹；

★是否存在基础破损、下沉；

★是否存在外破的风险；

★是否存在防汛隐患；

★是否存在藤蔓等异物搭挂；

★是否存在鸟巢；

★标识牌、警示牌是否齐全、清晰；

★拉线是否完好。

图2　杆塔整体照片示例

三、杆塔接线和设备特写

◆ 拍摄数量

至少拍摄2组照片。

◆◆ 拍摄角度

从杆塔支线两侧，呈斜对角，开关正面与背面呈45度角、2米左右距离拍摄（拍摄角度能看清开关四个面及杆上接线情况）。当遇到树障、建筑物等障碍物，无法保持正常安全拍摄距离时，适当调整拍摄距离及角度。

❖ 拍摄效果

能看清杆上接线、设备细节情况（见图3），包括：

★瓷瓶是否倾斜、破损；

★导线是否破损、脱离瓷瓶、绑扎不牢固；

★避雷器、隔离刀闸、跌落式熔断器、开关本体、PT本体是否完好；

★横担、金具是否锈蚀、变形、磨损，螺栓是否松动；

★驱鸟器、防鸟罩是否正常工作；

★红外测温、局部放电检测是否正常；

★绝缘护套（耐张线夹、设备线夹、并沟线夹、隔离开关、跌落式熔断器、PT、避雷器等）是否齐全；

★开关位置指示、故障位置指示、开关储能情况是否正常；

★开关本体有无锈蚀、顶部密封情况（有无鼓包）是否正常；

★引线、航插线等压接点是否松动，引线是否存在异物搭挂。

图3　杆塔接线和设备特写示例

分段联络开关杆

　　要求至少拍摄线路通道、杆塔整体、杆塔接线和设备特写3类3组照片（每组指1张可见光、1张红外照片），注意合理规划航线，用最短的航线完成拍摄任务，避免无人机来回折返浪费电量。

一、线路通道

◆ 拍摄数量

至少拍摄1组照片。

◆◆ 拍摄角度

向无人机前进方向拍摄，一般从线路小号侧向大号侧。拍摄时无人机与杆塔顶部高度一致，能看清本基杆塔至下基杆塔的线路通道情况。当遇到树障、建筑物等障碍物，无法保持正常安全拍摄距离时，适当调整拍摄距离及角度。

❖ 拍摄效果

能看清本基杆塔至下基杆塔线路通道范围内整体情况（见图1），包括：

★是否存在树障，以及树障距导线或超过导线的距离；

★是否存在危及线路安全稳定运行的异物，如金属薄膜、广告牌、钓鱼池塘等；

★是否存在危及线路安全稳定运行的施工现场；

★线路是否距离周边构筑物、路灯杆等过近，存在安全隐患；

★导线弧垂是否过低；

★线路通道内是否存在"三线搭挂"现象（搭挂通信线等弱电线路）等。

图1　线路通道照片示例

二、杆塔整体

◆ 拍摄数量

至少拍摄1组照片。

◆◆ 拍摄角度

从杆塔一侧，与导线呈45度角拍摄。当遇到存在树障、建筑物等障碍物，无法保持正常安全拍摄距离时，适当调整拍摄距离及角度。

❖ 拍摄效果

能完全看清杆塔整体情况（见图2），包括：

★是否倾斜、移位；

★是否存在裂纹；

★是否存在基础破损、下沉；

★是否存在外破的风险；

★是否存在防汛隐患；

★是否存在藤蔓等异物搭挂；

★是否存在鸟巢；

★标识牌、警示牌是否齐全、清晰；

★拉线是否完好。

图2　杆塔整体照片示例

三、杆塔接线和设备特写

◆ 拍摄数量

至少拍摄1组照片。

◆◆ 拍摄角度

从杆塔支线两侧，呈斜对角，开关正面与背面呈45度角、保持2米左右距离拍摄（拍摄角度能看清开关四个面及杆上接线情况）。当遇到树障、建筑物等障碍物，无法保持正常安全拍摄距离时，适当调整拍摄距离及角度。

❖ 拍摄效果

能看清杆上接线、设备细节情况（见图3），包括：

★瓷瓶是否倾斜、破损；

★导线是否破损、脱离瓷瓶、绑扎不牢固；

★避雷器、隔离刀闸、跌落式熔断器、开关本体、PT本体是否完好；

★横担、金具是否锈蚀、变形、磨损，螺栓是否松动；

★驱鸟器、防鸟罩是否正常工作；

★红外测温、局部放电检测是否正常；

★绝缘护套（耐张线夹、设备线夹、并沟线夹、隔离开关、跌落式熔断器、PT、避雷器等）是否齐全；

★开关位置指示、故障位置指示、开关储能情况是否正常；

★开关本体有无锈蚀、顶部密封情况（有无鼓包）是否正常；

★引线、航插线等压接点是否松动，引线是否存在异物搭挂。

图3　设备细节照片示例

柱上变压器杆

　　要求至少拍摄线路通道、杆塔整体、杆塔接线和设备特写3类4组照片（每组指1张可见光、1张红外照片），注意合理规划航线，用最短的航线完成拍摄任务，避免无人机来回折返浪费电量。

一、线路通道

◆ 拍摄数量

至少拍摄1组照片。

◆◆ 拍摄角度

若柱上变压器架设在主线杆上，则向无人机前进方向拍摄，一般从线路的小号侧向大号侧；若柱上变压器架设在支线杆上，则从主线杆向支线杆拍摄。拍摄时无人机与杆塔顶部高度一致。当遇到树障、建筑物等障碍物，无法保持正常安全拍摄距离时，适当调整拍摄距离及角度。

❖ 拍摄效果

能看清本基杆塔至下基杆的塔线路通道范围内整体情况（见图1），包括：

★是否存在树障，以及树障距导线或超过导线的距离；

★是否存在危及线路安全稳定运行的异物，如金属薄膜、广告牌、钓鱼池塘等；

★线路是否距离周边构筑物、路灯杆等过近，存在安全隐患；

★是否存在危及线路安全稳定运行的施工现场；

★导线弧垂是否过低；

★线路通道内是否存在"三线搭挂"现象（搭挂通信线等弱电线路）等。

图1　线路通道照片示例

二、杆塔整体

◆ **拍摄数量**

至少拍摄1组照片。

◆◆ **拍摄角度**

正对柱上变压器拍摄，从杆顶上方呈45度角俯视拍摄。

❖ **拍摄效果**

能看清杆塔整体情况（见图2），包括：

★ 是否倾斜、移位；

★ 是否存在裂纹；

★ 是否存在基础破损、下沉；

★ 是否存在外破的风险；

★ 拉线是否完好；

★ 是否存在防汛隐患；

★是否存在藤蔓等异物搭挂；

★是否存在鸟巢；

★标识牌、警示牌是否齐全、清晰。

图2 杆塔整体照片示例

三、杆塔接线和设备特写

◆ 拍摄数量

至少拍摄2组照片。

◆◆ 拍摄角度

柱上变压器正面呈45度角、保持3米左右距离拍摄，杆塔设备正面呈45度角、保持3米左右距离拍摄。当遇到树障、建筑物等障碍物，无法保持正常安全拍摄距离时，适当调整拍摄距离及角度。

❖ 拍摄效果

能看清杆上接线、设备细节情况（见图3），包括：

★瓷瓶是否倾斜、破损；

★导线是否破损、脱离瓷瓶、绑扎不牢固；

★避雷器、隔离刀闸、跌落式熔断器、柱上变压器本体是否完好；

★横担、金具是否锈蚀、变形、磨损，螺栓是否松动；

★各种标识是否齐全、清晰；

★红外测温、局部放电检测是否正常；

★绝缘护套（耐张线夹、设备线夹、并沟线夹、隔离开关、跌落式熔断器、变压器、避雷器等）是否齐全；

★变压器各部件接点接触是否良好，有无过热变色、烧熔现象；

★变压器套管是否清洁，有无裂纹、击穿、烧损和严重污秽；

★引线是否松弛，绝缘是否良好，相间或对构件的距离是否过近，是否存在异物搭挂。

图3　杆塔接线和设备特写示例

地上配电室下户杆

　　要求至少拍摄线路通道、杆塔整体、杆塔接线和设备特写、配电室特写4类6组照片（每组指1张可见光、1张红外照片），注意合理规划航线，用最短的航线完成拍摄任务，避免无人机来回折返浪费电量。

一、线路通道

◆ 拍摄数量

至少拍摄2组照片。

◆◆ 拍摄角度

主线通道：1组照片，向无人机前进方向拍摄，一般从线路的小号侧向大号侧。

支线通道：1组照片，从线路主干线侧向分支线侧拍摄。

拍摄时无人机与杆塔顶部高度一致，能看清本基杆塔至下基杆塔的线路通道情况。当遇到树障、建筑物等障碍物，无法保持正常安全拍摄距离时，适当调整拍摄距离及角度。

❖ 拍摄效果

能看清线路主线路通道及主线杆至配电室下户杆的线路通道范围内整体情况（见图1），包括：

★是否存在树障，以及树障距导线或超过导线的距离；

★是否存在危及线路安全稳定运行的异物；

★是否存在危及线路安全稳定运行的施工现场；

★线路是否距离周边构筑物、路灯杆等过近，存在安全隐患；

★导线弧垂是否过低；

★线路通道内是否存在"三线搭挂"现象（搭挂通信线等弱电线路）等。

图1　线路通道示例

二、杆塔整体

◆ 拍摄数量

至少拍摄1组照片。

◆◆ 拍摄角度

分别从杆塔两侧，呈斜对角，与下户横担垂直拍摄。

❖ 拍摄效果

能看清杆塔整体情况（见图2），包括：

★是否倾斜、移位；

★是否存在裂纹；

★是否存在基础破损、下沉；

★是否存在外破的风险；

★是否存在防汛隐患；

★是否存在藤蔓等异物搭挂；

★是否存在鸟巢；

★标识牌、警示牌是否齐全、清晰；

★拉线是否完好。

图2　杆塔整体示例

三、杆塔接线和设备特写

◆ 拍摄数量

至少拍摄1组照片。

◆◆ 拍摄角度

分别从杆塔两侧，与下户横担垂直拍摄。

❖ 拍摄效果

能看清杆上接线、设备细节情况（见图3），包括：

★瓷瓶是否倾斜、破损；

★导线是否破损、脱离瓷瓶、绑扎不牢固；

★避雷器、隔离刀闸、跌落式熔断器、开关本体、PT本体是否完好；

★横担、金具是否锈蚀、变形、磨损，螺栓是否松动；

★驱鸟器、防鸟罩是否正常工作；

★红外测温、局部放电检测是否正常；

★绝缘护套（耐张线夹、设备线夹、并沟线夹、隔离开关、跌落式熔断器、PT、避雷器等）是否齐全；

★开关位置指示、故障位置指示、开关储能情况是否正常；

★开关本体有无锈蚀、顶部密封情况（有无鼓包）是否正常；

★引线、航插线等压接点是否松动，引线是否存在异物搭挂。

图3　杆顶接线及设备特写示例

四、配电室特写

◆ 拍摄数量

至少拍摄2组照片。

◆◆ 拍摄角度

从配电室对角两侧拍摄。

◆ 拍摄效果

能看清配电室墙面、屋顶、穿墙套管及导线设备的细节情况（见图4），包括：

★穿墙套管是否存在裂纹、破损；

★导线是否破损、脱离瓷瓶、绑扎不牢固；

★穿墙套管是否牢固，是否存在锈蚀、变形、磨损，螺栓是否松动；

★是否加装绝缘护套，绝缘护套是否完好；

★红外测温、局部放电检测是否正常；

★墙面是否存在墙皮脱落、裂纹等；

★屋顶是否存在积水、漏水隐患；

★门窗、锁具是否完好；

★门前是否有杂物，阻挡开门。

图4 配电室对角特写示例

无人机

自主巡检拍摄指导书（精细版）

国网山东省电力公司　编

中国电力出版社
CHINA ELECTRIC POWER PRESS

图书在版编目（CIP）数据

无人机自主巡检拍摄指导书 . 1：精细版 / 国网山

东省电力公司编 . -- 北京：中国电力出版社，2025. 3.

ISBN 978-7-5198-9533-4

Ⅰ . TM726；TB869

中国国家版本馆 CIP 数据核字第 20243ME854 号

出版发行：中国电力出版社

地　　址：北京市东城区北京站西街 19 号（邮政编码 100005）

网　　址：http://www.cepp.sgcc.com.cn

责任编辑：石　雪　曲　艺

责任校对：黄　蓓　郝军燕

装帧设计：北京宝蕾元科技发展有限责任公司

责任印制：钱兴根

印　　刷：北京九天鸿程印刷有限责任公司

版　　次：2025 年 3 月第一版

印　　次：2025 年 3 月北京第一次印刷

开　　本：787 毫米 × 1092 毫米　横 32 开本

印　　张：5.75

字　　数：99 千字

定　　价：35.00 元（全 2 册）

编委会

主　任	任　杰				
副主任	雍　军	胥明凯			
委　员	刘明林	左新斌	潘慧超	苏善诚	张　飞	苏国强

编写组

主　编　刘　宝

副主编　付宇程　苑兆彬　隗　笑

参编人员　杨程祥　赵斌成　吴　见　卞绍润　徐　欣　高沅昊
　　　　　王　超　张　飚　殷　鑫　曹　聪　刘纪东　卢　鹤
　　　　　陈　旭　凌志翔　孙大伟　李　明　吴观斌　刘合金
　　　　　彭全利　董春发　王　钊　魏新颖　杜　琰　崔向龙
　　　　　申文伟　苏　菲　冯友军　徐　萌　崔兆亮　高永强
　　　　　黄振宁　仲鹏飞　刘军青　任敬飞　李　放　张立柱
　　　　　贾会永　林浩然　张曙光　谭心怡　纪洋溪　刘　岭
　　　　　冯忠奎　刘庆韬　李全俊　刘大鹏　张　鹏

　　随着无人机技术的飞速发展，无人机应用在我国呈现出爆发式增长的态势。因其便捷、高效、灵活等特点，无人机已被广泛应用于电力巡检、农业植保、国土测绘、科研探索、国防建设等众多领域，为经济社会的发展注入了强大动力。在电力行业，特别是在无人机自主巡检方面，无人机具有高效、安全、精准等优点，能够大幅提高电力巡检的效率和安全性。国家电网有限公司下发《国家电网有限公司关于加快推进设备管理专业无人机规模化应用的通知》（国家电网设备〔2022〕494号），组织编制《架空配电线路无人机巡检作业规程》，采取了一系列措施，推进无人机规模化应用和成果共享，提升作业水平。

　　国网山东省电力公司积极响应国家电网有限公司推广无人机自主巡检的要求，2022年开始在济南、菏泽等地积极开展无人机机场试点建设，开展无人机自主巡检应用，极大地提高了无人机巡检效率。但是，目前无人机拍摄的照片尚缺乏统一的标准和规范，为使无人机自主巡检拍摄的照片标准化、规范化，确保照片能够满足《配电网运行规程》对设备巡视的要求和拍摄现场的实际需求，国网山东电力设备部组织编写了《无人机自主巡检拍摄指导书（精细版、快速版）》。

本书主要针对直线杆、耐张杆、支线杆、转角杆、电缆下户杆、分界开关电缆下户杆、分界开关分支杆、分段联络开关杆、柱上变压器杆、地上配电室下户杆十类拍摄场景，分别从线路通道、杆塔整体，以及杆塔接线和设备特写三个方面，对照片的拍摄数量、拍摄角度和拍摄效果提出了明确要求。根据运维巡视精度要求不同，本书分为"精细版"和"快速版"两册。其中，"精细版"要求通过无人机拍摄照片即可了解现场情况，发现线路设备全量缺陷，无须人工再次巡视；"快速版"主要考虑了线路通道快速巡视和无人机飞行续航等因素，在"精细版"的基础上，对无人机拍摄的不同角度和方向的照片数量进行了精简。

本书源于基层实践，是国网山东电力广大员工智慧的结晶，既可以作为电力企业各级设备管理者的指导用书，也可以作为各级设备运维管理人员的工具用书，同时也可供其他企业借鉴参考。希望本书能让广大读者进一步了解无人机自主巡检工作，从中汲取对设备运维管理工作有启发、有帮助的理念、思路、技巧、方法。本书的编制和出版，得到了国网山东电力各级领导和各单位的大力支持。在此，向所有参与本书编制、编辑、审核的单位和人员致以诚挚的谢意。

由于时间仓促，如有不足或疏漏之处，敬请指正。

编　者

2025 年 2 月

目 录 Contents

前言

精细版

快速版

直线杆

　　要求至少拍摄线路通道、杆塔整体、杆塔接线和设备特写3类4组照片（每组指1张可见光、1张红外照片），注意合理规划航线，用最短的航线完成拍摄任务，避免无人机来回折返浪费电量。

一、线路通道

◆ 拍摄数量

至少拍摄1组照片。

◆◆ 拍摄角度

向无人机前进方向拍摄，一般为从线路小号侧向大号侧；无人机与杆塔顶部高度一致，能看清本基杆塔至下基杆塔的线路通道情况。当遇到树障、建筑物等障碍物，无法保持正常安全拍摄距离时，适当调整拍摄距离及角度。

❖ 拍摄效果

能看清本基杆塔至下基杆塔的线路通道范围内整体情况（见图1），包括：

★是否存在树障，以及树障距导线或超过导线的距离；

★是否存在危及线路安全稳定运行的异物，如金属薄膜、广告牌、钓鱼池塘等；

★是否存在危及线路安全稳定运行的施工现场；

★线路是否与周边构筑物、路灯杆等距离过近，存在安全隐患；

★导线弧垂是否过低；

★线路通道内是否存在"三线搭挂"现象（搭挂通信线等弱电线路）等。

图1　线路通道照片示例

二、杆塔整体

◆ 拍摄数量

至少拍摄2组照片。

◆◆ 拍摄角度

分别从杆塔两侧，呈斜对角，与横担呈45度角拍摄。

❖ 拍摄效果

能看清杆塔整体情况（见图2），包括：

★是否倾斜、移位；

★是否存在裂纹；

★是否存在基础破损、下沉；

★是否存在被车撞到的可能；

★是否存在防汛隐患，以及藤蔓等异物搭挂；

★是否存在鸟巢；

★标识牌、警示牌是否齐全、清晰；

★避雷器接地引线是否完好；

★拉线是否完好。

图2　杆塔整体照片示例

三、杆塔接线、设备特写

◆ 拍摄数量

至少拍摄2张（1组）照片。

◆◆ 拍摄角度

分别从杆塔两侧，呈斜对角，与横担呈45度角拍摄。

❖ 拍摄效果

能看清杆上接线、设备细节（见图3），包括：

★瓷瓶是否倾斜、破损；

★导线是否破损、脱离瓷瓶、绑扎不牢固；

★避雷器是否完好；

★横担、金具是否锈蚀、变形、磨损，螺栓是否松动；

★驱鸟器、防鸟罩是否正常工作；

★红外测温、局部放电检测是否正常。

图3　杆塔整体照片示例

耐张杆

　　要求至少拍摄线路通道、杆塔整体，以及杆塔接线和设备特写3类5组照片（每组指1张可见光、1张红外照片），注意合理规划航线，用最短的航线完成拍摄任务，避免无人机来回折返浪费电量。

一、线路通道

◆ 拍摄数量

至少拍摄1组照片。

◆◆ 拍摄角度

向无人机前进方向拍摄，一般为从线路小号侧向大号侧。拍摄时无人机与杆塔顶部高度一致，能看清本基杆塔至下基杆塔的线路通道情况。当遇到树障、建筑物等障碍物，无法保持正常安全拍摄距离时，适当调整拍摄距离及角度。

❖ 拍摄效果

能看清本基杆塔至下基杆塔的线路通道范围内整体情况（见图1），包括：

★是否存在树障，以及树障距导线或超过导线的距离；

★是否存在危及线路安全稳定运行的异物，如金属薄膜、广告牌、钓鱼池塘等；

★是否存在危及线路安全稳定运行的施工现场；

★线路是否与周边构筑物、路灯杆等距离过近，存在安全隐患；

★导线弧垂是否过低；

★线路通道内是否存在"三线搭挂"现象（搭挂通信线等弱电线路）等。

图1　线路通道照片示例

二、杆塔整体

◆ 拍摄数量

至少拍摄2组照片。

◆◆ 拍摄角度

分别从杆塔两侧，与导线呈垂直的角度拍摄。当遇到树障、建筑物等障碍物，无法保持正常安全拍摄距离时，适当调整拍摄距离及角度。

❖ 拍摄效果

能看清杆塔整体情况（见图2），包括：

★是否倾斜、移位；

★是否存在裂纹；

★是否存在基础破损、下沉；

★是否存在外破的风险；

★是否存在防汛隐患；

★是否存在藤蔓等异物搭挂；

★是否存在鸟巢；

★标识牌、警示牌是否齐全、清晰；

★避雷器接地引线是否完好；

★拉线是否完好。

图2　杆塔整体照片示例

三、杆塔接线和设备特写

◆ 拍摄数量

至少拍摄2组照片。

◆◆ 拍摄角度

分别从杆塔两侧，与导线呈垂直的角度拍摄。当遇到树障、建筑物等障碍物，无法保持正常安全拍摄距离时，适当调整拍摄距离及角度。

❖ 拍摄效果

能看清杆上接线、设备细节情况（见图3），包括：

★导线是否破损、脱离瓷瓶、绑扎不牢固；

★避雷器是否完好；

★横担、金具是否锈蚀、变形、磨损，螺栓是否松动；

★驱鸟器、防鸟罩是否正常工作；

★红外测温、局部放电检测是否正常；

★绝缘护套（并沟线夹、避雷器等）是否齐全；

★故障指示器是否正常；

★引线压接点是否松动、存在异物搭挂等；

★瓷瓶是否倾斜、破损。

图3　杆塔整体照片示例

支线杆

　　要求至少拍摄线路通道、杆塔整体、杆塔接线和设备特写3类6组照片（每组指1张可见光、1张红外照片），注意合理规划航线，用最短的航线完成拍摄任务，避免无人机来回折返浪费电量。

一、线路通道

◆ 拍摄数量

至少拍摄2组照片。

◆◆ 拍摄角度

主线通道：1组照片，向无人机前进方向，一般为从线路小号侧向大号侧拍摄。

支线通道：1组照片，从线路主干线侧向分支线侧拍摄。

拍摄时无人机与杆塔顶部高度一致，能看清本基杆塔至下基杆塔线路通道情况。当遇到树障、建筑物等障碍物，无法保持正常安全拍摄距离时，适当调整拍摄距离及角度。

❖ 拍摄效果

能看清本基杆塔至下基杆塔线路通道范围内整体情况（见图1），包括：

★是否存在树障，以及树障距导线或超过导线的距离；

★是否存在危及线路安全稳定运行的异物，如金属薄膜、广告牌、钓鱼池塘等；

★是否存在危及线路安全稳定运行的施工现场；

★线路是否与周边构筑物、路灯杆等距离过近，存在安全隐患；

★导线弧垂是否过低；

★线路通道内是否存在"三线搭挂"现象（搭挂通信线等弱电线路）等。

图1　线路通道照片示例

二、杆塔整体

◆ 拍摄数量

至少拍摄2组照片。

◆◆ 拍摄角度

分别从杆塔两侧，呈斜对角，与分支线横担走向呈45度角拍摄。当遇到树障、建筑物等障碍物，无法保持正常安全拍摄距离时，适当调整拍摄距离及角度。

❖ 拍摄效果

能看清杆塔整体情况（见图2），包括：

★是否倾斜、移位；

★是否存在裂纹；

★是否存在基础破损、下沉；

★是否存在外破风险；

★是否存在防汛隐患；

★是否存在藤蔓等异物搭挂；

★是否存在鸟巢；

★标识牌、警示牌是否齐全、清晰；

★拉线是否完好。

图2　杆塔整体照片示例

三、杆塔接线和设备特写

◆ 拍摄数量

至少拍摄2组照片。

◆◆ 拍摄角度

分别从杆塔两侧，呈斜对角，与分支线横担呈45度角拍摄（与杆塔整体拍摄角度基本相同，但拍摄重点是接线和设备的细节特写）。当遇到树障、建筑物等障碍物，无法保持正常安全拍摄距离时，适当调整拍摄距离及角度。

❖ 拍摄效果

能看清杆上接线、设备细节情况（见图3），包括：

★瓷瓶是否倾斜、破损；

★导线是否破损、脱离瓷瓶、绑扎不牢固；

★避雷器是否完好；

★绝缘子是否完好，绑扎、连接是否正常；

★横担、金具是否锈蚀、变形、磨损，螺栓是否松动；

★驱鸟器、防鸟罩是否正常工作；

★红外测温、局部放电检测是否正常；

★绝缘护套（T接线夹、并沟线夹等）是否齐全；

★引线压接点是否松动、存在搭挂。

图3　杆塔特写照片示例

转角杆

　　要求至少拍摄线路通道、杆塔整体、杆塔接线和设备特写3类6组照片（每组指1张可见光、1张红外照片），注意合理规划航线，用最短的航线完成拍摄任务，避免无人机来回折返浪费电量。

一、线路通道

◆ 拍摄数量

至少拍摄1组照片。

◆◆ 拍摄角度

从线路转角杆本身向转角后杆塔大号侧拍摄，能看清本基杆塔至转角后下基杆塔线路通道情况。当遇到树障、建筑物等障碍物，无法保持正常安全拍摄距离时，适当调整拍摄距离及角度。

❖ 拍摄效果

能看清本基杆塔至下基杆塔及转角后杆塔线路通道范围内整体情况（见图1），包括：

★是否存在树障，以及树障距导线或超过导线的距离；

★是否存在危及线路安全稳定运行的异物，如金属薄膜、广告牌、钓鱼池塘等；

★是否存在危及线路安全稳定运行的施工现场；

★线路与周边构筑物、路灯杆的距离是否过近，存在安全隐患；

★导线弧垂是否过低；

★线路通道内是否存在"三线搭挂"现象（搭挂通信线等弱电线路）等。

图1　原线路通道及转角后线路通道照片示例

二、杆塔整体

◆ 拍摄数量

至少拍摄2组照片。

◆◆ 拍摄角度

分别从原线路侧与转角侧夹角呈45度角及对侧拍摄。当遇到树障、建筑物等障碍物，无法保持正常安全拍摄距离时，适当调整拍摄距离及角度。

❖ 拍摄效果

能看清杆塔整体情况（见图2），包括：

★是否倾斜、移位；

★是否存在纵、横向裂纹；

★是否存在基础破损、下沉；

★有无外破的风险；

★是否存在防汛隐患；

★是否存在藤蔓等异物搭挂；

★是否存在鸟巢；

★标识牌、警示牌是否齐全、清晰；

★拉线是否完好。

图2　杆塔整体照片示例

三、杆塔接线和设备特写

◆ 拍摄数量

至少拍摄3组照片。

◆◆ 拍摄角度

分别从垂直原线路通道、垂直转角后线路通道、原线路通道与转角后线路通道呈45度角拍摄。当遇到树障、建筑物等障碍物，无法保持正常安全拍摄距离时，适当调整拍摄距离及角度。

❖ 拍摄效果

能看清杆上接线、设备细节情况（见图3），包括：

★瓷瓶是否倾斜、破损；

★导线是否破损、脱离瓷瓶、绑扎不牢固；

★避雷器是否完好；

★横担、金具是否锈蚀、变形、磨损，螺栓是否松动；

★驱鸟器、防鸟罩是否正常工作；

★红外测温、局部放电检测是否正常；

★绝缘护套（耐张线夹、设备线夹、并沟线夹、避雷器等）是否齐全；

★引线等压接点是否松动、引线是否存在搭挂。

图3　杆塔接线及设备特写照片示例

电缆下户杆

　　要求至少拍摄线路通道、杆塔整体、杆塔接线和设备特写3类5组照片（每组指1张可见光、1张红外照片），注意合理规划航线，用最短的航线完成拍摄任务，避免无人机来回折返浪费电量。

一、线路通道

◆ 拍摄数量

至少拍摄1组照片。

◆◆ 拍摄角度

向无人机前进方向拍摄，一般为从线路小号侧向大号侧；若为终端杆，则从本基杆塔向上基杆塔拍摄；拍摄时无人机与杆塔顶部高度一致。当遇到树障、建筑物等障碍物，无法保持正常安全拍摄距离时，适当调整拍摄距离及角度。

◆◆◆ 拍摄效果

能看清本基杆塔至下基杆塔线路通道范围内整体情况（见图1），包括：

★是否存在树障，以及树障距导线或超过导线的距离；

★是否存在危及线路安全稳定运行的异物，如金属薄膜、广告牌、钓鱼池塘等；

★是否存在危及线路安全稳定运行的施工现场；

★线路与周边构筑物、路灯杆等的距离是否过近，存在安全隐患；

★导线弧垂是否过低；

★线路通道内是否存在"三线搭挂"现象（搭挂通信线等弱电线路）等。

图1　线路通道照片示例

二、杆塔整体

◆ 拍摄数量

至少拍摄2组照片。

◆◆ 拍摄角度

分别从下户电缆两侧拍摄。当遇到树障、建筑物等障碍物，无法保持正常安全拍摄距离时，适当调整拍摄距离及角度。

❖ 拍摄效果

能看清杆塔整体情况（见图2），包括：

★是否倾斜、移位；

★是否存在裂纹；

★是否存在基础破损、下沉；

★是否存在外破风险；

★是否存在防汛隐患；

★是否存在藤蔓等异物搭挂；

★是否存在鸟巢；

★标识牌、警示牌是否齐全、清晰；

★拉线是否完好；

★电缆护墩是否缺失、破损，周边是否存在易燃杂物；

★电缆路径是否存在开挖施工、水土流失等情况。

图2　杆塔整体照片示例

三、杆塔接线和设备特写

◆ 拍摄数量

至少拍摄2组照片。

◆◆ 拍摄角度

分别从下户电缆两侧拍摄。当遇到树障、建筑物等障碍物，无法保持正常安全拍摄距离时，适当调整拍摄距离及角度。

❖ 拍摄效果

能看清杆上接线、设备细节情况（见图3），包括：

★瓷瓶是否倾斜、破损；

★导线及电缆是否破损；

★避雷器、跌落式熔断器是否完好；

★横担、金具是否锈蚀、变形、磨损，螺栓是否松动；

★驱鸟器、防鸟罩是否正常工作；

★红外测温、局部放电检测是否正常；

★绝缘护套（耐张线夹、设备线夹、并沟线夹、跌落式熔断器、避雷器、电缆头等）是否齐全；

★引线压接点是否松动，引线是否存在搭挂；

★电缆头三相色标是否清晰。

图3　杆塔接线和设备特写示例

分界开关电缆下户杆

　　要求至少拍摄线路通道、杆塔整体、杆塔接线和设备特写3类7组照片（每组指1张可见光、1张红外照片），注意合理规划航线，用最短的航线完成拍摄任务，避免无人机来回折返浪费电量。

一、线路通道

◆ 拍摄数量

至少拍摄1组照片。

◆◆ 拍摄角度

向无人机前进方向拍摄，一般为从线路小号侧向大号侧；若为终端杆，则从本基杆塔向上基杆塔拍摄；拍摄时无人机与杆塔顶部高度一致。当遇到树障、建筑物等障碍物，无法保持正常安全拍摄距离时，适当调整拍摄距离及角度。

❖ 拍摄效果

能看清本基杆塔至下基杆塔线路通道范围内整体情况（见图1），包括：

★是否存在树障，以及树障距导线或超过导线的距离；

★是否存在危及线路安全稳定运行的异物，如金属薄膜、广告牌、钓鱼池塘等；

★线路是否与周边构筑物、路灯杆等距离过近，存在安全隐患；

★是否存在危及线路安全稳定运行的施工现场；

★导线弧垂是否过低；

★线路通道内是否存在"三线搭挂"现象（搭挂通信线等弱电线路）等。

图1　线路通道照片示例

二、杆塔整体

◆ 拍摄数量

至少拍摄2组照片。

◆◆ 拍摄角度

从杆塔电缆侧及对侧，与横担呈45度角拍摄。

❖ 拍摄效果

能看清杆塔整体情况（见图2），包括：

★是否倾斜、移位；

★是否存在裂纹；

★是否存在基础破损、下沉；

★是否存在外破的风险；

★是否存在防汛隐患；

★是否存在藤蔓等异物搭挂；

★是否存在鸟巢；

★标识牌、警示牌是否齐全、清晰；

★拉线是否完好；

★基础电缆护墩是否缺失破损，周边是否存在易燃杂物。

图2　杆塔整体照片示例

三、杆塔接线和设备特写

◆ **拍摄数量**

至少拍摄4组照片。

◆◆ **拍摄角度**

从杆塔两侧，呈斜对角，开关正面与背面呈45度角、保持2米左右距离拍摄（拍摄角度能看清开关四个面）。当遇到树障、建筑物等障碍物，无法保持正常安全拍摄距离时，适当调整拍摄距离及角度。

❖ **拍摄效果**

能看清杆上接线、设备细节情况（见图3），包括：

★瓷瓶是否倾斜、破损；

★导线是否破损、脱离瓷瓶、绑扎不牢固；

★避雷器、隔离刀闸、跌落式熔断器、开关本体、PT本体是否完好；

★横担、金具是否锈蚀、变形、磨损，螺栓是否松动；

★驱鸟器、防鸟罩是否正常工作；

★红外测温、局部放电检测是否正常；

★绝缘护套（耐张线夹、设备线夹、并沟线夹、隔离开关、跌落式熔断器、PT、避雷器等）是否齐全；

★开关位置指示、故障位置指示、开关储能情况是否正常；

★开关本体有无锈蚀、顶部密封情况（有无鼓包）是否正常；

★引线、航插线等压接点是否松动，引线是否存在异物搭挂。

图3　杆塔接线和设备特写示例

分界开关分支杆

　　要求至少拍摄线路通道、杆塔整体、杆塔接线和设备特写3类8组照片（每组指1张可见光、1张红外照片），注意合理规划航线，用最短的航线完成拍摄任务，避免无人机来回折返浪费电量。

一、线路通道

◆ 拍摄数量

至少拍摄2组照片。

◆◆ 拍摄角度

主线通道：1组照片，向无人机前进方向拍摄，一般为从线路小号侧向大号侧。

支线通道：1组照片，从线路主干线侧向分支线侧拍摄。

拍摄时无人机与杆塔顶部高度一致，能看清本基杆塔至下基杆塔的线路通道情况。当遇到树障、建筑物等障碍物，无法保持正常安全拍摄距离时，适当调整拍摄距离及角度。

◆◆ 拍摄效果

能看清本基杆塔至下基杆塔线路通道范围内整体情况（见图1），包括：

★是否存在树障，以及树障距导线或超过导线的距离；

★是否存在危及线路安全稳定运行的异物，如金属薄膜、广告牌、钓鱼池塘等；

★线路是否与周边构筑物、路灯杆等距离过近，是否存在安全隐患；

★是否存在危及线路安全稳定运行的施工现场；

★导线弧垂是否过低；

★线路通道内是否存在"三线搭挂"现象（搭挂通信线等弱电线路）等。

图1　线路通道照片示例

二、杆塔整体

◆ 拍摄数量

至少拍摄2组照片。

◆◆ 拍摄角度

分别从杆塔两侧，呈斜对角，与分支线横担呈45度角拍摄。当遇到树障、建筑物等障碍物，无法保持正常安全拍摄距离，适当调整拍摄距离及角度。

❖ 拍摄效果

能看清杆塔整体情况（见图2），包括：

★是否倾斜、移位；

★是否存在裂纹；

★是否存在基础破损、下沉；

★是否存在外破的风险；

★是否存在防汛隐患；

★是否存在藤蔓等异物搭挂；

★是否存在鸟巢；

★标识牌、警示牌是否齐全、清晰；

★拉线是否完好。

图2　杆塔整体照片示例

三、杆塔接线和设备特写

◆ 拍摄数量

至少拍摄4组照片。

◆◆ 拍摄角度

杆塔接线：2组照片，从杆塔两侧，呈斜对角，与分支线横担呈45度角拍摄。

开关：2组照片，从杆塔支线两侧，呈斜对角，开关正面与背面呈45度角、保持2米左右距离拍摄（拍摄角度能看清开关四个面）。

当遇到树障、建筑物等障碍物，无法保持正常安全拍摄距离时，适当调整拍摄距离及角度。

❖ 拍摄效果

能看清杆上接线、设备细节情况（见图3），包括：

★瓷瓶是否倾斜、破损；

★导线是否破损、脱离瓷瓶、绑扎不牢固；

★避雷器、隔离刀闸、跌落式熔断器、开关本体、PT本体是否完好；

★横担、金具是否锈蚀、变形、磨损，螺栓是否松动；

★驱鸟器、防鸟罩是否正常工作；

★红外测温、局部放电检测是否正常；

★绝缘护套（耐张线夹、设备线夹、并沟线夹、隔离开关、跌落式熔断器、PT、避雷器等）是否齐全；

★开关位置指示、故障位置指示、开关储能情况是否正常；

★开关本体有无锈蚀、顶部密封情况（有无鼓包）是否正常；

★引线、航插线等压接点是否松动、引线是否存在异物搭挂。

图3　杆塔接线和设备特写示例

分段联络开关杆

　　要求至少拍摄线路通道、杆塔整体、杆塔接线和设备特写3类7组照片（每组指1张可见光、1张红外照片），注意合理规划航线，用最短的航线完成拍摄任务，避免无人机来回折返浪费电量。

一、线路通道

◆ 拍摄数量

至少拍摄1组照片。

◆◆ 拍摄角度

向无人机前进方向拍摄，一般为从线路小号侧向大号侧。拍摄时无人机与杆塔顶部高度一致，能看清本基杆塔至下基杆塔的线路通道情况。当遇到树障、建筑物等障碍物，无法保持正常安全拍摄距离时，适当调整拍摄距离及角度。

❖ 拍摄效果

能看清本基杆塔至下基杆塔的线路通道范围内整体情况（见图1），包括：

★是否存在树障，以及树障距导线或超过导线的距离；

★是否存在危及线路安全稳定运行的异物，如金属薄膜、广告牌、钓鱼池塘等；

★是否存在危及线路安全稳定运行的施工现场；

★线路是否与周边构筑物、路灯杆等距离过近，存在安全隐患；

★导线弧垂是否过低；

★线路通道内是否存在"三线搭挂"现象（搭挂通信线等弱电线路）等。

图1　线路通道照片示例

二、杆塔整体

◆ 拍摄数量

至少拍摄2组照片。

◆◆ 拍摄角度

分别从杆塔两侧，呈斜对角，与导线呈45度角拍摄。当遇到树障、建筑物等障碍物，无法保持正常安全拍摄距离时，适当调整拍摄距离及角度。

❖ 拍摄效果

能看清杆塔整体情况（见图2），包括：

★是否倾斜、移位；

★是否存在裂纹；

★是否存在基础破损、下沉；

★是否存在外破的风险；

★是否存在防汛隐患；

★是否存在藤蔓等异物搭挂；

★是否存在鸟巢；

★标识牌、警示牌是否齐全、清晰；

★拉线是否完好。

图2　杆塔整体照片示例

三、杆塔接线和设备特写

◆ 拍摄数量

至少拍摄4组照片。

◆◆ 拍摄角度

杆塔接线：2组照片，从杆塔两侧，呈斜对角，与导线呈45度角拍摄。

开关：2组照片，从杆塔支线两侧，呈斜对角，开关正面与背面呈45度角、保持2米左右距离拍摄（拍摄角度能看清开关四个面）。

当遇到树障、建筑物等障碍物，无法保持正常安全拍摄距离时，适当调整拍摄距离及角度。

❖ 拍摄效果

能看清杆上接线、设备细节情况（见图3），包括：

★瓷瓶是否倾斜、破损；

★导线是否破损、脱离瓷瓶、绑扎不牢固；

★避雷器、隔离刀闸、跌落式熔断器、开关本体、PT本体是否完好；

★横担、金具是否锈蚀、变形、磨损，螺栓是否松动；

★驱鸟器、防鸟罩是否正常工作；

★红外测温、局部放电检测是否正常；

★绝缘护套（耐张线夹、设备线夹、并沟线夹、隔离开关、跌落式熔断器、PT、避雷器等）是否齐全；

★开关位置指示、故障位置指示、开关储能情况是否正常；

★开关本体有无锈蚀、顶部密封情况（有无鼓包）是否正常；

★引线、航插线等压接点是否松动，引线是否存在异物搭挂。

图3　设备细节照片示例

柱 上 变 压 器 杆

　　要求至少拍摄线路通道、杆塔整体、杆塔接线和设备特写3类7组照片（每组指1张可见光、1张红外照片），注意合理规划航线，用最短的航线完成拍摄任务，避免无人机来回折返浪费电量。

一、线路通道

◆ 拍摄数量

至少拍摄1组照片。

◆◆ 拍摄角度

若柱上变压器架设在主线杆上，则向无人机前进方向拍摄，一般为从线路小号侧向大号侧；若柱上变压器架设在支线杆上，则从主线杆向支线杆拍摄。拍摄时无人机与杆塔顶部高度一致。当遇到树障、建筑物等障碍物，无法保持正常安全拍摄距离时，适当调整拍摄距离及角度。

❖ 拍摄效果

能看清本基杆塔至下基杆塔的线路通道范围内整体情况（见图1），包括：

★是否存在树障，以及树障距导线或超过导线的距离；

★影响运行的施工现场；

★是否存在危及线路安全稳定运行的异物，如金属薄膜、广告牌、钓鱼池塘等；

★线路是否与周边构筑物、路灯杆等距离过近，是否存在安全隐患；

★是否存在危及线路的安全隐患；

★导线弧垂是否过低；

★线路通道内是否存在"三线搭挂"现象（搭挂通信线等弱电线路）等。

图1　线路通道照片示例

二、杆塔整体

◆ 拍摄数量

至少拍摄2组照片。

◆◆ 拍摄角度

正对、背对柱上变压器台架整体拍摄，从杆顶上方呈45度角俯视拍摄。

❖ 拍摄效果

能看清杆塔整体情况（见图2），包括：

★是否倾斜、移位；

★是否存在裂纹；

★是否存在基础破损、下沉；

★是否存在外破的风险；

★是否存在防汛隐患；

★是否存在藤蔓等异物搭挂；

★是否存在鸟巢；

★标识牌、警示牌是否齐全、清晰；

★拉线是否完好。

图2　杆塔整体照片示例

三、杆塔接线和设备特写

◆ 拍摄数量

至少拍摄4组照片。

◆◆ 拍摄角度

杆塔接线：2组照片，上方45度角、正对杆塔设备水平、保持3米左右距离拍摄。

柱上变压器：2组照片，变压器正反面，保持3米左右距离拍摄。

当遇到树障、建筑物等障碍物，无法保持正常安全拍摄距离时，适当调整拍摄距离及角度。

❖ 拍摄效果

能看清杆上接线、设备细节情况（见图3），包括：

★瓷瓶是否倾斜、破损；

★导线是否破损、脱离瓷瓶、绑扎不牢固；

★避雷器、隔离刀闸、跌落式熔断器、开关本体、PT本体是否完好；

★横担、金具是否锈蚀、变形、磨损，螺栓是否松动；

★驱鸟器、防鸟罩是否正常工作；

★红外测温、局部放电检测是否正常；

★绝缘护套（耐张线夹、设备线夹、并沟线夹、隔离开关、跌落式熔断器、PT、避雷器等）是否齐全；

★变压器各部件接点接触是否良好，有无过热变色、烧熔现象；

★变压器套管是否清洁，有无裂纹、击穿、烧损和严重污秽；

★引线是否松弛，绝缘是否良好，两条引线间距、引线与构件的距离是否过近，引线是否存在异物搭挂。

图3　杆塔接线和设备特写示例

地上配电室下户杆

　　要求至少拍摄线路通道、杆塔整体、杆塔接线和设备特写、配电室特写4类10组照片（每组指1张可见光、1张红外照片），注意合理规划航线，用最短的航线完成拍摄任务，避免无人机来回折返浪费电量。

一、线路通道

◆ 拍摄数量

至少拍摄2组照片。

◆◆ 拍摄角度

主线通道：1组照片，向无人机前进方向拍摄，一般为从线路小号侧向大号侧。

支线通道：1组照片，从线路主干线侧向分支线侧拍摄。

拍摄时无人机与杆塔顶部高度一致，能看清本基杆塔至下基杆塔的线路通道情况。当遇到树障、建筑物等障碍物，无法保持正常安全拍摄距离时，适当调整拍摄距离及角度。

❖ 拍摄效果

能看清线路主通道及主线杆至配电室下户杆线路通道范围内整体情况（见图1），包括：

★是否存在树障，以及树障距导线或超过导线的距离；

★是否存在危及线路安全稳定运行的异物；

★是否存在危及线路安全稳定运行的施工现场；

★线路是否与周边构筑物、路灯杆等距离过近，存在安全隐患；

★导线弧垂是否过低；

★线路通道内是否存在"三线搭挂"现象（搭挂通信线等弱电线路）等。

图1　线路通道示例

二、杆塔整体

◆ 拍摄数量

至少拍摄2组照片。

◆◆ 拍摄角度

分别从杆塔两侧，呈斜对角，与下户横担垂直拍摄。

❖ 拍摄效果

能看清杆塔整体情况（见图2），包括：

★是否倾斜、移位；

★是否存在裂纹；

★是否存在基础破损、下沉；

★是否存在外破的风险；

★是否存在防汛隐患；

★是否存在藤蔓等异物搭挂；

★是否存在鸟巢；

★标识牌、警示牌是否齐全、清晰；

★拉线是否完好。

图2　杆塔整体示例

三、杆塔接线和设备特写

◆ 拍摄数量

至少拍摄2组照片。

◆◆ 拍摄角度

分别从杆塔两侧，与下户横担垂直拍摄。

❖ 拍摄效果

能看清杆上接线、设备细节情况（见图3），包括：

★瓷瓶是否倾斜、破损；

★导线是否破损、脱离瓷瓶、绑扎不牢固；

★避雷器、隔离刀闸、跌落式熔断器、开关本体、PT本体是否完好；

★横担、金具是否锈蚀、变形、磨损，螺栓是否松动；

★驱鸟器、防鸟罩是否正常工作；

★红外测温、局部放电检测是否正常；

★绝缘护套（耐张线夹、设备线夹、并沟线夹、隔离开关、跌落式熔断器、PT、避雷器等）是否齐全；

★开关位置指示、故障位置指示、开关储能情况是否正常；

★开关本体有无锈蚀、顶部密封情况（有无鼓包）是否正常；

★引线、航插线等压接点是否松动、引线是否存在搭挂。

图3　杆塔接线及设备特写示例

四、配电室特写

◆ 拍摄数量

至少拍摄4组照片。

◆◆ 拍摄角度

从配电室四面，从上往下斜对角拍摄。

❖ 拍摄效果

能看清配电室墙面、屋顶、穿墙套管及导线设备细节情况（见图4），包括：

★穿墙套管是否存在裂纹、破损；

★导线是否破损、脱离瓷瓶、绑扎不牢固；

★穿墙套管是否牢固，是否存在变形、磨损、被锈蚀，螺栓是否松动；

★是否加装绝缘护套，绝缘护套是否完好；

★红外测温、局部放电检测是否正常；

★墙面是否存在墙皮脱落、裂纹等情况；

★屋顶是否存在积水、漏水隐患；

★门窗、锁具是否完好；

★门前是否有杂物，阻挡开门。

图4　配电室特写示例